MEU PRIMEIRO LIVRO DO
CORPO HUMANO

Dados Internacionais de Catalogação na Publicação (CIP)

La Bedoyere, Camilla de
  Meu primeiro livro do corpo humano / Camilla de La Bedoyere, Catherine Chambers, Chris Oxlade ; ilustrações de Mauricio de Sousa, Miles Kelly ; tradução de Monica Fleischer Alves. — Barueri, SP : Girassol, 2021.
  32 p. : il. (Turma da Mônica / Mauricio de Sousa)

ISBN 978-65-5530-126-7
Título original: Questions and answers: Science

  1. Corpo humano - Literatura infantojuvenil 2. Anatomia humana - Literatura infantojuvenil 3. Turma da Mônica I. Título II. Chambers, Catherine III. Oxlade, Chris IV. Sousa, Mauricio de

20-4502   CDD 028.5

Índices para catálogo sistemático:
1. Literatura infantojuvenil 028.5

Angélica Ilacqua CRB-8/7057

GIRASSOL BRASIL EDIÇÕES EIRELI
Av. Copacabana, 325 - 13º andar - Sala 1301
Alphaville - Barueri - SP - 06472-001
leitor@girassolbrasil.com.br
www.girassolbrasil.com.br

Direção editorial: Karine Gonçalves Pansa
Coordenadora editorial: Carolina Cespedes
Assistente editorial: Talita Wakasugui
Tradução: Monica Fleisher Alves
Diagramação: Deborah Sayuri Takaishi

Direitos de publicação desta edição no Brasil
reservados à Girassol Brasil Edições Eireli

Impresso no Brasil

Estúdios Mauricio de Sousa

Presidente: Mauricio de Sousa

Diretoria: Alice Keico Takeda,
Mauro Takeda e Sousa, Mônica S. e Sousa

**Mauricio de Sousa é membro
da Academia Paulista de Letras (APL)**

Diretora Executiva
Alice Keico Takeda

Direção de Arte
Wagner Bonilla

Diretor de Licenciamento
Rodrigo Paiva

Coordenadora Comercial Editorial
Tatiane Comlosi

Analista Comercial
Alexandra Paulista

Editor
Sidney Gusman

Revisão
Daniela Gomes Furlan, Ivana Mello

Editor de Arte
Mauro Souza

Coordenação de Arte
Irene Dellega, Maria A. Rabello

Produtora Editorial JR.
Regiane Moreira

Livro criado e produzido nos
Estúdios Mauricio de Sousa

Designer Gráfico e Diagramação
Mariangela Saraiva Ferradás

Supervisão de Conteúdo
Marina Takeda e Sousa

Supervisão Geral
Mauricio de Sousa

Condomínio E-Business Park - Rua Werner Von Siemens, 111
Prédio 19 – Espaço 01 - Lapa de Baixo – São Paulo/SP
CEP: 05069-010 - TEL.: +55 11 3613-5000

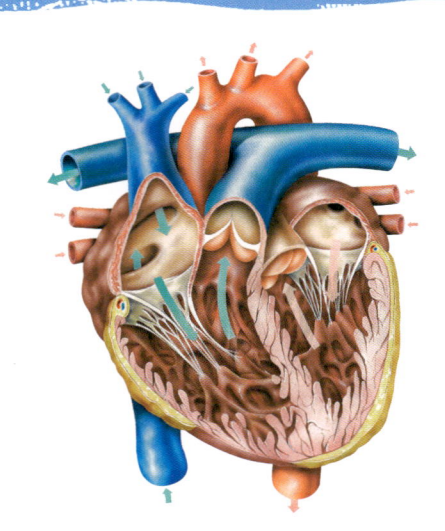

Sumário

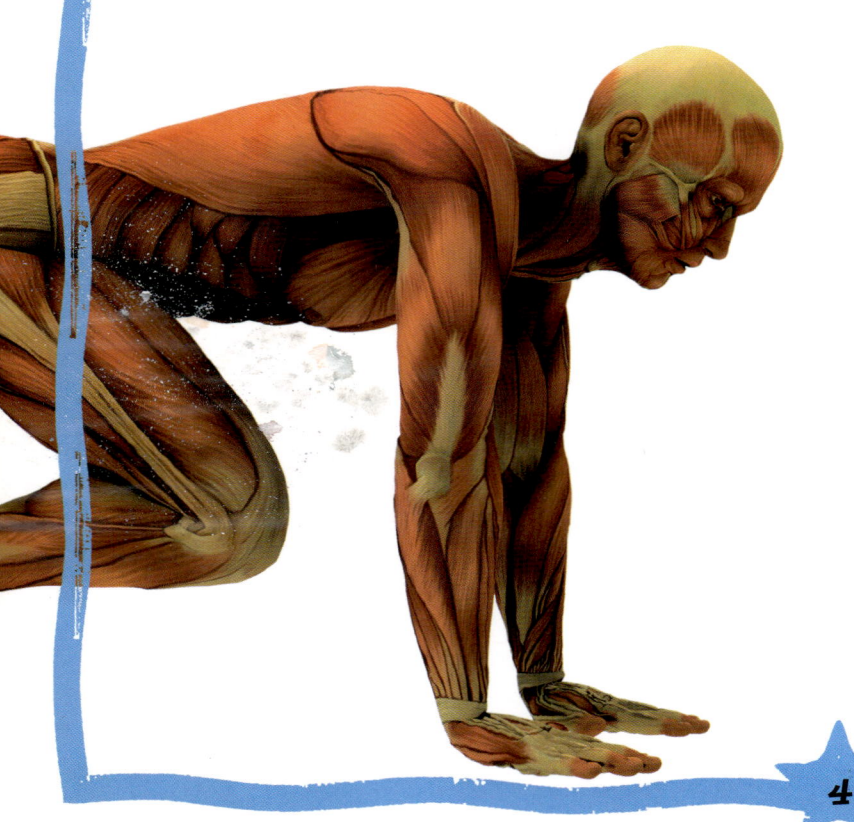

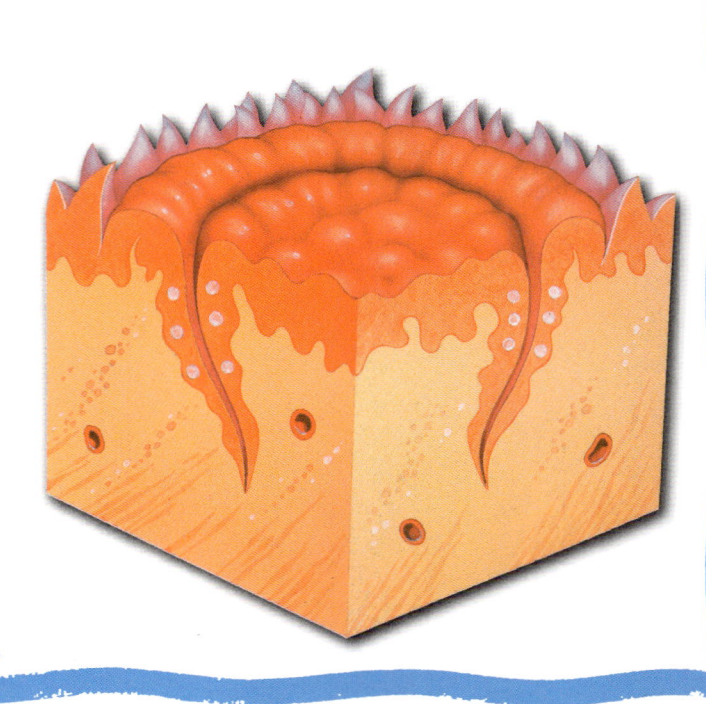

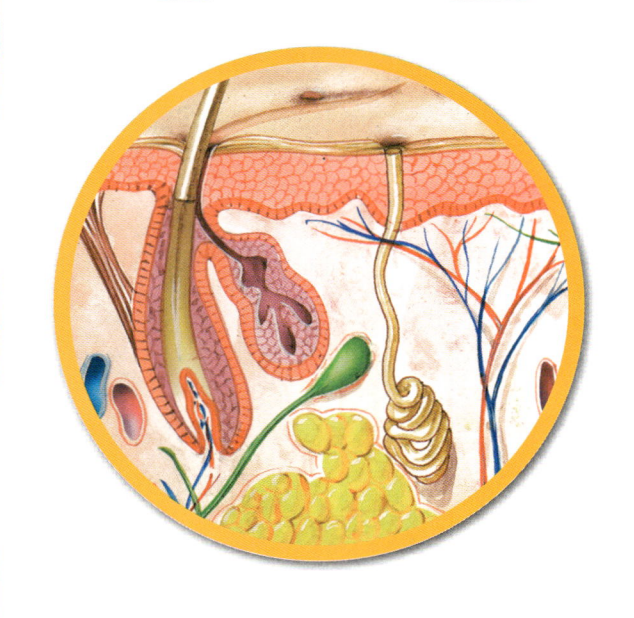

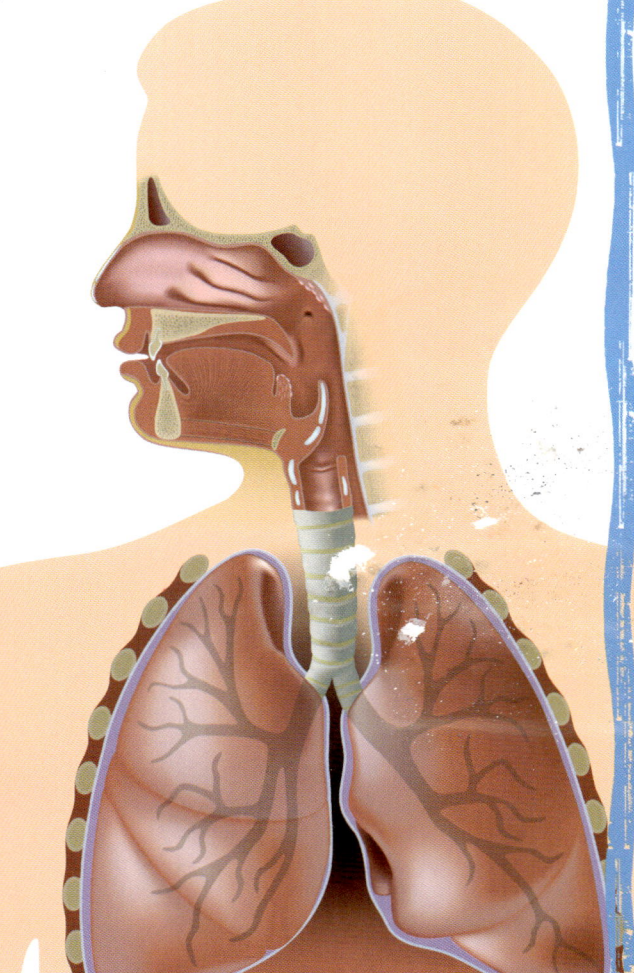

Qual é a função da pele?

A pele protege você de pancadas e arranhões, impede que seu corpo fique ressecado e evita a entrada de germes. Ao andar de bicicleta ou de *skate*, você deve usar luvas e joelheiras para protegê-la.

Luvas protegem de arranhões

Joelheiras protegem de cortes

Ai! Ai! Ai!

Na pele, há milhões de minúsculos sensores ao toque. Eles informam ao cérebro quando algo encosta nela. Alguns desses sensores reconhecem o frio e o calor. Outros identificam a dor. Ai!

Qual é a espessura da pele?

Ela é muito fina, tem só 2 mm de espessura. Externamente é uma camada de células duras e mortas, chamada epiderme. Essas células são removidas gradualmente. Novas células crescem por baixo para repor as anteriores. Sob ela ainda há uma outra camada de pele, a derme. Ela contém áreas que dão a você o sentido do tato.

Pelo

Epiderme

Camadas de pele

Nervo

Derme

Glândula sudorípara

Por que eu transpiro quando sinto calor?

Para baixar a temperatura. Seu corpo fica quente quando faz calor ou se você corre muito. Para se livrar do calor, você transpira. O suor é liberado através da pele e, à medida que seca, tira o calor, esfriando o corpo novamente.

Para pensar!

Se você for andar de bicicleta ou de skate, o que deve usar na cabeça? Por quê?

quanto cabelo uma pessoa tem?

Na cabeça, há cerca de 100 mil fios. O cabelo cresce através de minúsculos buraquinhos existentes na pele, os folículos. Ele pode ter cores diferentes e ser ondulado, crespo ou liso.

Cabelo ondulado loiro

Cabelo liso castanho

Cabelo liso ruivo

Cabelo crespo preto

Do que são feitas as unhas?

As unhas dos pés e das mãos são feitas de um material duro chamado queratina. É o mesmo material de que o cabelo é feito. As unhas crescem através da raiz. Em uma semana, elas crescem cerca de meio milímetro. E crescem mais à noite do que de dia!

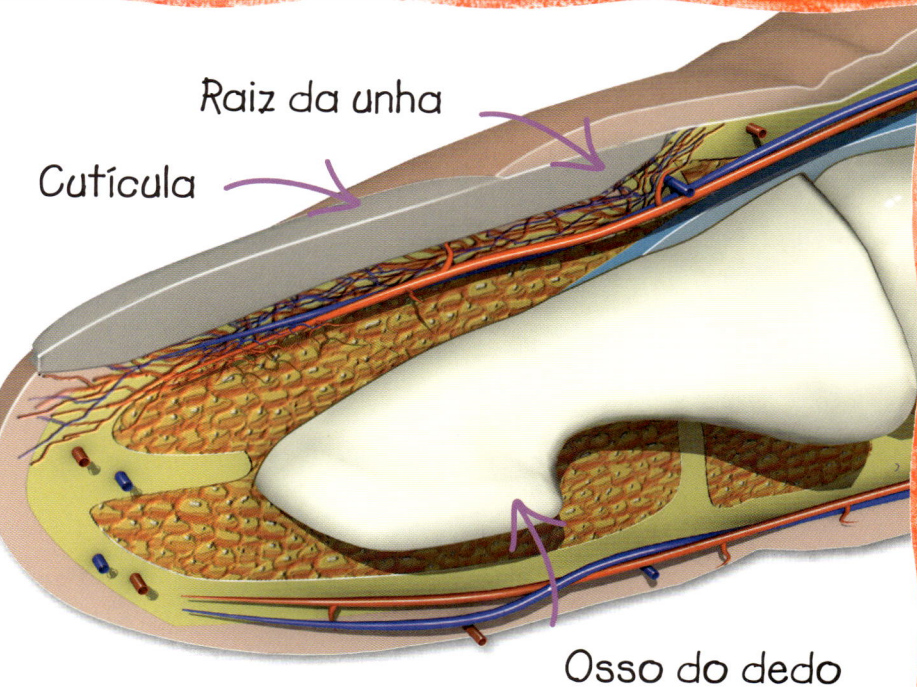

Raiz da unha

Cutícula

Osso do dedo

Para cortar

O cabelo cresce, em média, 1 mm a cada três dias, o que dá cerca de 1 cm ao mês. Isso representa 12 cm por ano. A velocidade pode variar de um indivíduo para o outro, mas se mantém constante para cada um. Normalmente perde-se de 100 a 150 fios por dia.

Unha da mão

Olho vivo!

Olhe no espelho. Seu cabelo é liso, ondulado ou crespo? Use as fotografias da página ao lado para ajudar você.

Por que temos unhas nos dedos das mãos e dos pés?

Elas protegem as pontas dos dedos e nos dão maior precisão nos movimentos. Imagine segurar algo com certa força, mas sem unhas? A pele iria escorregar e você não teria a precisão necessária.

quantos ossos uma pessoa tem?

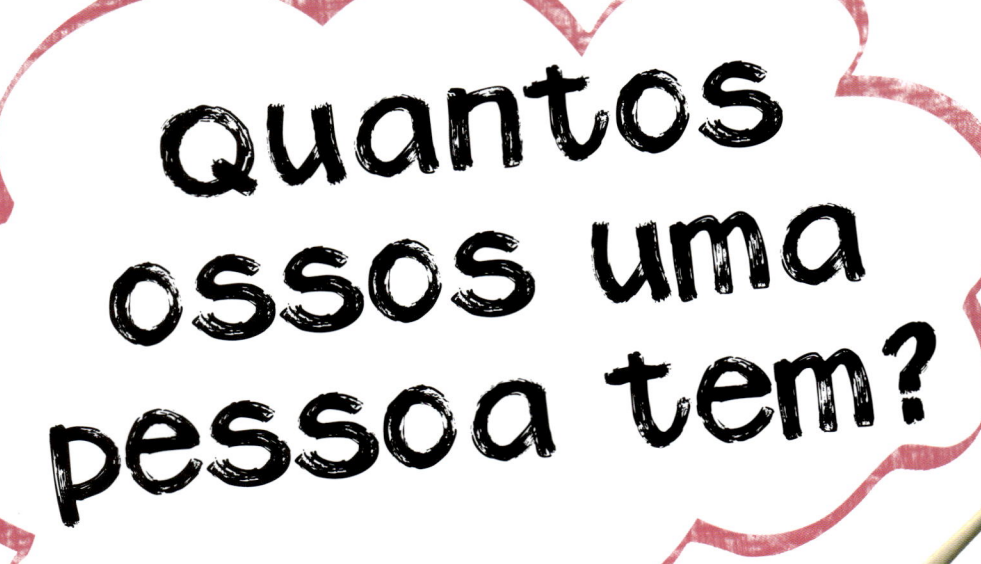

A maioria das pessoas tem 206 ossos. Metade deles fica nas mãos e nos pés. Todos os ossos juntos formam o esqueleto, que serve de estrutura para sustentar o corpo. O esqueleto também protege os órgãos que ficam em seu interior.

Esqueleto humano

pesquisa
Você sabe onde fica a clavícula? Ela começa no ombro e vai até o topo da caixa torácica.

Código do esqueleto

1. Crânio
2. Clavícula
3. Escápula
4. Costelas
5. Úmero
6. Pelve
7. Fêmur
8. Patela
9. Fíbula
10. Tíbia

ossos fortes

O osso é leve, porém super-resistente. Ele é mais forte que concreto ou aço, materiais usados nas construções de prédios e pontes! Mas cuidado! Os ossos podem quebrar se ficarem muito tortos.

Do que os ossos são feitos?

Os ossos são feitos de diferentes materiais misturados. Alguns desses materiais são muito duros, outros são resistentes e flexíveis. Juntos, eles deixam os ossos muito fortes. Há um tipo de gelatina, chamada medula, no interior de alguns ossos. Ela produz partes muito pequenas para o sangue, os chamados glóbulos vermelhos e glóbulos brancos.

Medula

Osso esponjoso

Osso duro

como os ossos se juntam?

Os ossos são conectados por articulações. Elas permitem que as costas, os braços, as pernas e os dedos se movimentem. Há cerca de 100 articulações no corpo inteiro. A maior delas fica nos quadris e joelhos. E a menor, no interior da orelha.

como os músculos funcionam?

Os músculos são formados por fibras, parecidas com pedaços de barbante, que se encurtam para fazer os músculos distenderem. O maior músculo do corpo é o da coxa, que usamos para andar e correr!

E o músculo mais forte é o da mandíbula.

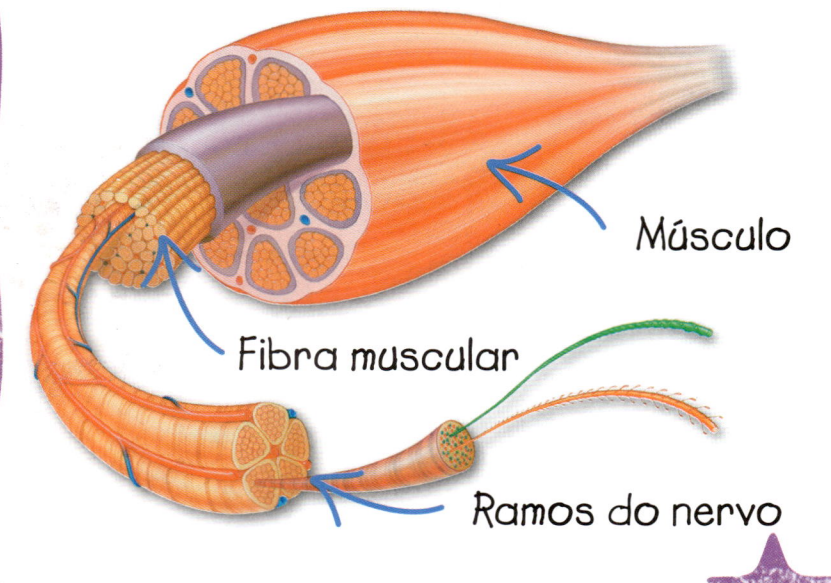

Músculo

Fibra muscular

Ramos do nervo

como as articulações se dobram?

Os músculos fazem articulações como as dos ombros e joelhos dobrar. Eles ajudam você a correr, pular, pegar e levantar as coisas. Você, de fato, necessita dos músculos para mexer seu corpo inteiro.

Músculos atrevidos

A face é cheia de músculos. Você os utiliza para sorrir, para franzir o nariz ou para chorar. E usa mais músculos para fazer cara feia do que para sorrir!

O que faz os músculos se mexerem?

O cérebro. Ele envia mensagens dos nervos para os músculos. Vários músculos são necessários até mesmo para pequenos movimentos, como escrever com um lápis. O cérebro controla outros músculos sem que seja necessário pensar nisso. Por exemplo, os músculos do coração trabalham até mesmo quando você está dormindo.

Esqueleto muscular humano

Experiência

Dobre e estique seu braço. Você consegue sentir seus músculos se encurtando e se esticando?

Por que precisamos respirar?

Há no ar um gás chamado oxigênio, necessário para fazer o corpo funcionar. Por isso respiramos, para levar o ar para o nosso corpo. O ar entra pelo nariz ou pela boca. Depois, ele desce por um tubo chamado traqueia e vai para os pulmões.

① O ar entra pelo nariz ou pela boca

② O ar desce pela traqueia

③ O ar entra nos pulmões

observando

Quantas vezes você inspira e expira em um minuto?

Como a voz sai do corpo?

Por uma caixa de voz chamada laringe. Ela fica no topo da traqueia e forma uma saliência na parte frontal do pescoço. O ar que passa pela laringe a faz vibrar. Isso é o som da sua voz. Ela pode fazer vários tipos de sons e ajuda você a cantar.

Crianças cantando

Enchendo os pulmões

Em repouso, a quantidade de ar que entra nos pulmões é suficiente para encher uma lata de refrigerante a cada respiração. Quando está correndo, você respira dez vezes mais ar.

O que faz o ar chegar aos pulmões?

Há um grande músculo sob os pulmões que se move para baixo. Mais músculos fazem as costelas se moverem, tornando os pulmões maiores. O ar que entra preenche o espaço e, quando os músculos relaxam, ele é empurrado para fora outra vez.

Inspirando   Expirando

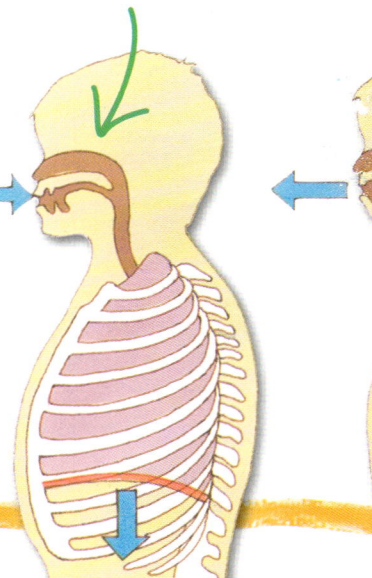
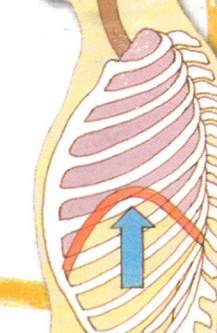

Por que não se deve comer a mesma coisa todos os dias?

Porque diferentes alimentos dão ao seu corpo os diversos nutrientes que ele necessita. Se comer a mesma coisa todos os dias, com certeza ficará com falta de alguma vitamina. Frutas e vegetais são muito bons para a saúde. Pães e massas fornecem energia. Pequenas quantidades de gordura, como as do queijo, mantêm seus nervos saudáveis. Aves e peixes mantêm fortes os seus músculos.

O pão fornece energia

As frutas são fontes de vitaminas

Os vegetais ajudam na digestão

Comendo elefantes
Você come cerca de 1 quilo de alimento por dia. Ao longo da vida, você comerá aproximadamente 30 toneladas. Esse é o peso de seis elefantes!

COMIDA POR QUILO

O que acontece quando eu engulo?

A primeira coisa que você faz com a comida é mastigar. Depois, você a engole já mastigada. Ao fazer isso, o alimento desce por um tubo chamado esôfago. Os músculos do esôfago empurram a comida para o estômago.

As gorduras mantêm os nervos sadios

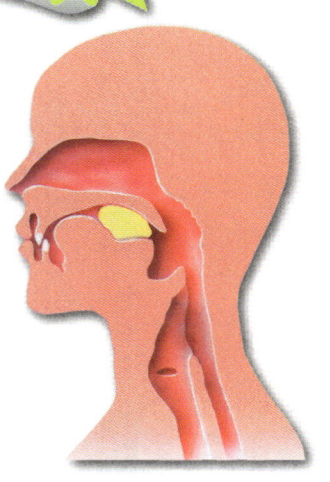 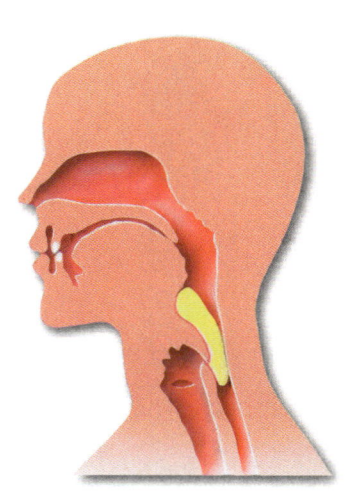 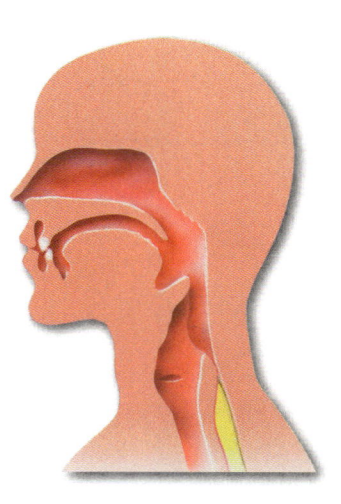

1 A língua empurra a comida para o fundo da garganta

2 Os músculos da garganta pressionam a comida para baixo

3 O esôfago empurra a comida para o estômago

As carnes ajudam os músculos a crescerem fortes

Por que o ser humano precisa comer?

A comida mantém o corpo em funcionamento. É como se fosse o combustível para ele trabalhar dia e noite, movimentando os músculos. Os alimentos também contêm as substâncias de que o corpo precisa para crescer, se proteger e lutar contra doenças.

Açúcares são necessários em pequenas quantidades

por que o coração bate?

Para bombear sangue e oxigênio pelo corpo. O coração é um músculo que tem mais ou menos o tamanho de um punho. Quando bate, ele joga o sangue em alguns tubos. Esses tubos levam o sangue e o oxigênio para o corpo todo. O sangue então volta dos pulmões para o coração com mais oxigênio.

Sangue do corpo

Sangue para os pulmões

Sangue do pulmão

Sangue do corpo

Vida pulsante

Em média, o coração bate uma vez por segundo por toda a vida. Isso representa 86 mil batidas por dia e 31 milhões de batidas por ano. No total, ele bate 2 bilhões de vezes durante a vida.

TUM! TUM! TUM!

Sangue para o corpo

O que o sangue faz?

O corpo inteiro precisa de oxigênio para funcionar. O sangue leva o oxigênio a todas as partes do corpo em seus glóbulos vermelhos. O sangue também contém glóbulos brancos que combatem os germes. Tubos chamados artérias e veias são responsáveis pelo transporte do sangue pelo corpo.

Sangue para os pulmões

Sangue do pulmão

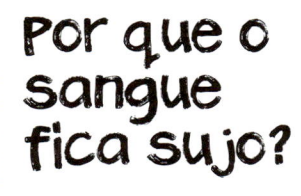

Experiência
Toque seu pescoço embaixo do queixo. Você sente o sangue correndo?

Por que o sangue fica sujo?

Por transportar resíduos de partes do seu corpo. O trabalho de limpar o sangue é feito pelos rins. Eles retiram o "lixo" do sangue e produzem um líquido chamado urina (xixi), que é eliminado toda vez que você vai ao banheiro.

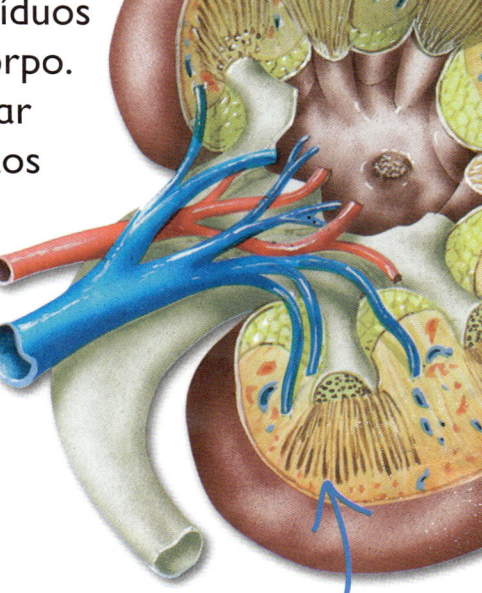

Rim

Sangue para o corpo

como os olhos funcionam?

Os olhos trabalham como uma câmera minúscula. Eles captam a luz que reflete sobre as coisas que você está vendo. Então, formam-se pequenas imagens no fundo dos olhos, onde milhões de sensores recebem a luz e mandam a imagem para o seu cérebro através de um nervo.

Experiência
Olhe para o seu olho num espelho. Dá para ver a pupila escura por onde a luz entra?

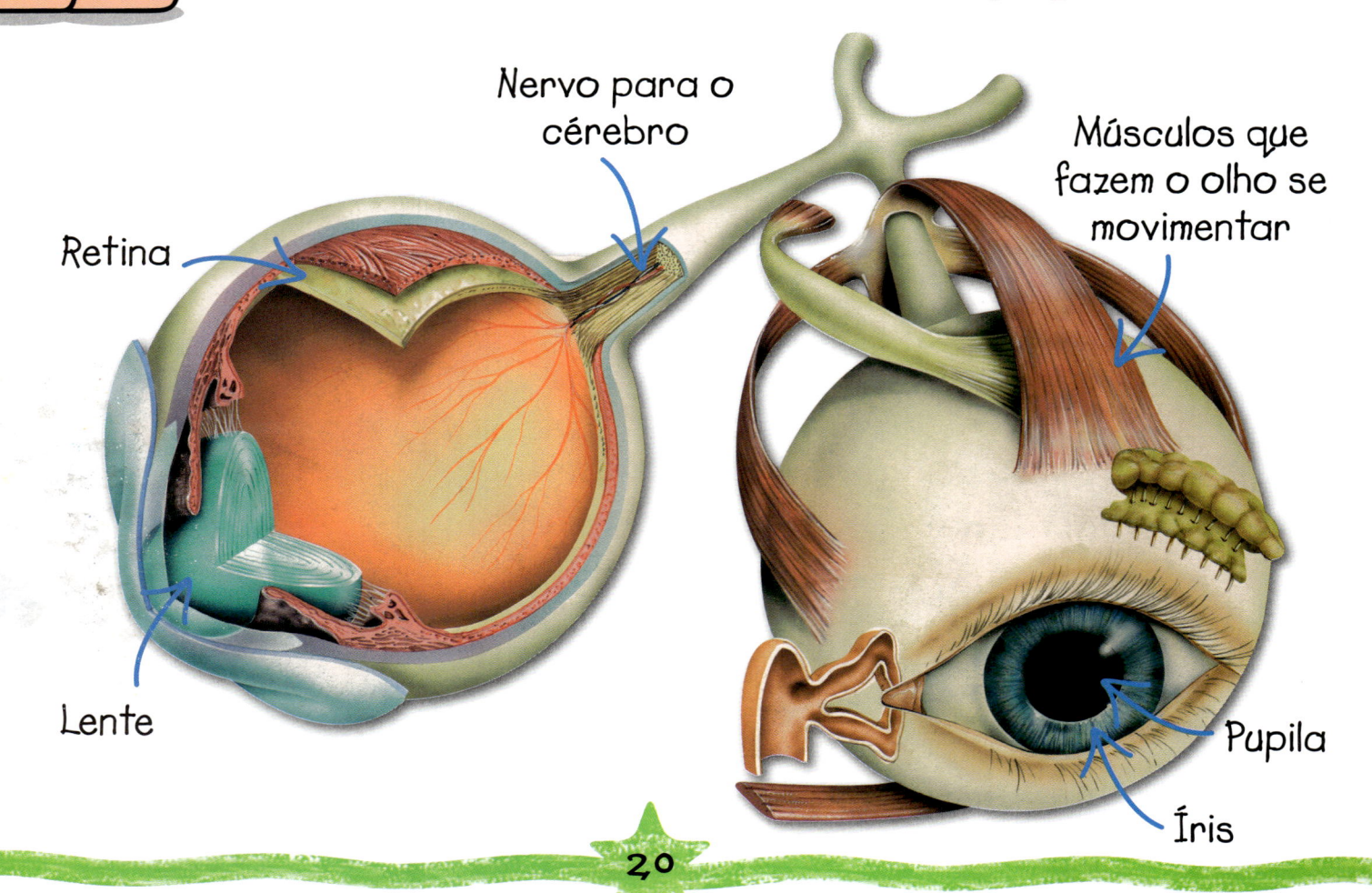

Nervo para o cérebro

Músculos que fazem o olho se movimentar

Retina

Lente

Pupila

Íris

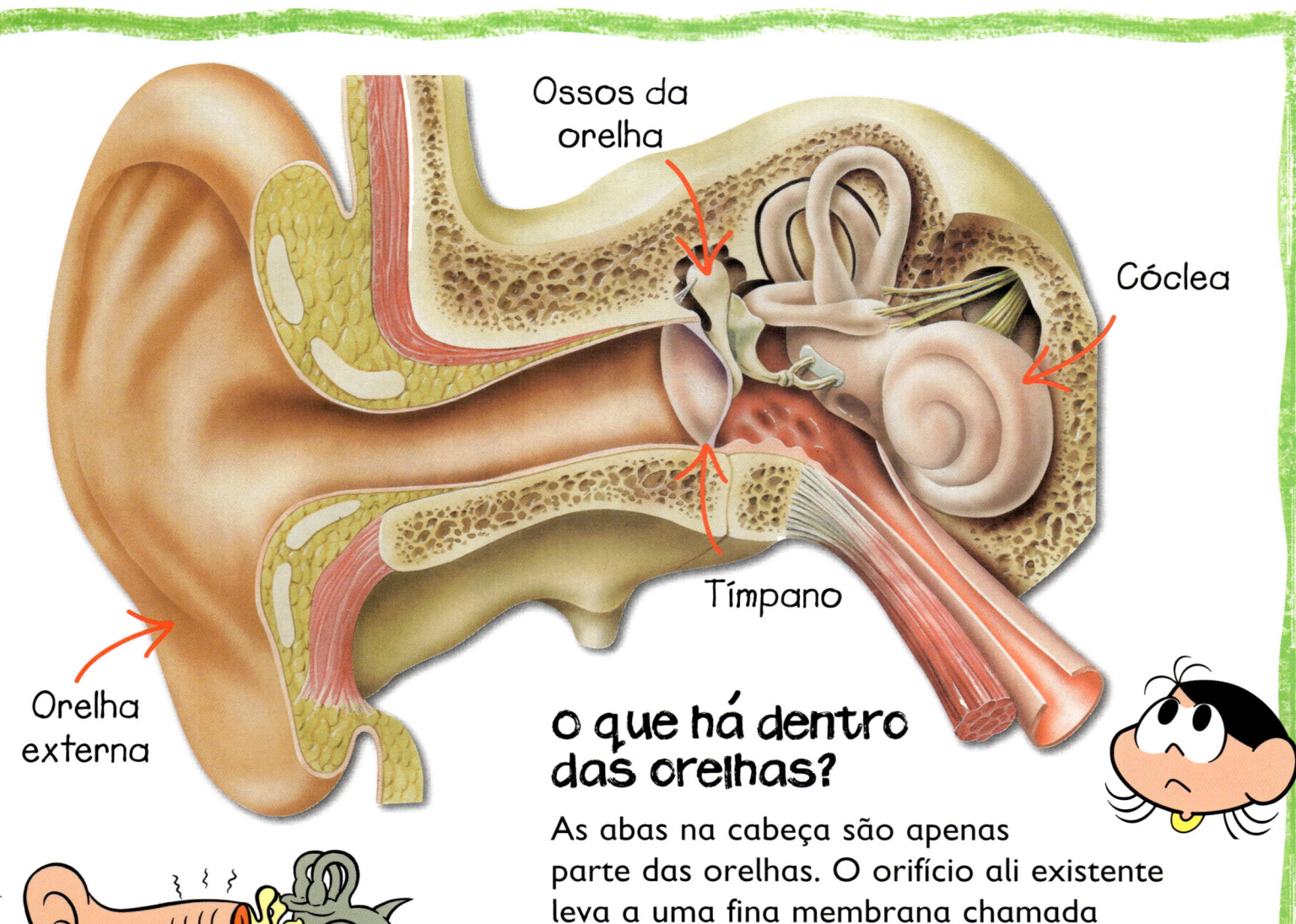

Ossos da orelha

Cóclea

Tímpano

Orelha externa

o que há dentro das orelhas?

As abas na cabeça são apenas parte das orelhas. O orifício ali existente leva a uma fina membrana chamada tímpano. O som entra pela orelha e faz o tímpano vibrar. Pequenos ossos enviam essas vibrações para a cóclea, que tem a forma de um caracol e é cheia de líquido.

como eu escuto os sons?

Na cóclea existem milhares de pelos fininhos e pequenininhos. E ela também é cheia de líquido. O som faz esse líquido se movimentar e os pelinhos se agitam. Minúsculos sensores captam as ondas e enviam a mensagem para o cérebro, fazendo você ouvir o som.

Dando voltas

Dentro da orelha existem círculos cheios de líquido. Eles podem dizer se você está mexendo a cabeça. Isso o ajuda a se equilibrar. Se você rodar, o fluido continua se movendo. Isso faz com que você sinta tontura!

Por que os cheiros são invisíveis?

Sensores de cheiro

Os aromas são partículas que flutuam no ar, ou seja, são praticamente invisíveis. Dentro do topo do nariz, existem sensores viscosos. Quando você cheira alguma coisa, os sensores captam as partículas olfativas e enviam mensagens ao cérebro, onde os aromas são interpretados.

Nariz

Bloqueio em dose dupla

Olfato e paladar trabalham em conjunto quando você come. O olfato ajuda você a sentir os sabores dos alimentos. Quando se tem uma gripe, os sensores de cheiro ficam bloqueados e, por isso, também não se sente o sabor das coisas.

Quantos cheiros posso sentir?

O nariz pode sentir cerca de 3 mil cheiros diferentes. Mas o olfato não identifica apenas o cheiro de coisas boas, como flores e perfumes! Ele também impede você de comer alguma coisa estragada, por exemplo.

Para pensar!

Você consegue pensar em três coisas diferentes que têm sabor azedo, doce e salgado?

Como sinto o gosto das coisas?

Com a língua. Ela é coberta de minúsculas papilas gustativas. Essas partículas sentem os sabores e enviam um sinal para o cérebro, que informa a você se uma coisa é doce, azeda, salgada ou saborosa.

Papila gustativa

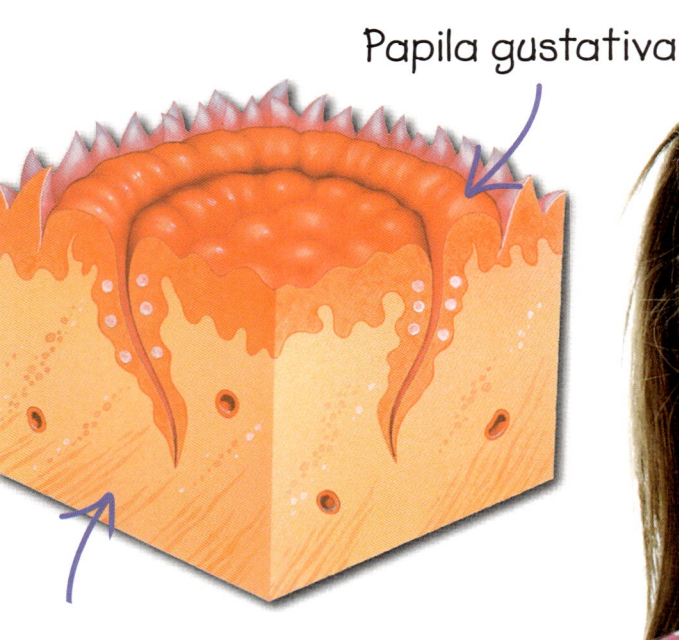

Músculo da língua

Língua

Qual é o tamanho do cérebro?

O cérebro tem praticamente o mesmo tamanho de dois punhos juntos. É com ele que você pensa, lembra, se sente feliz ou triste – e sonha. O cérebro também recebe informações dos seus sentidos e controla seu corpo.

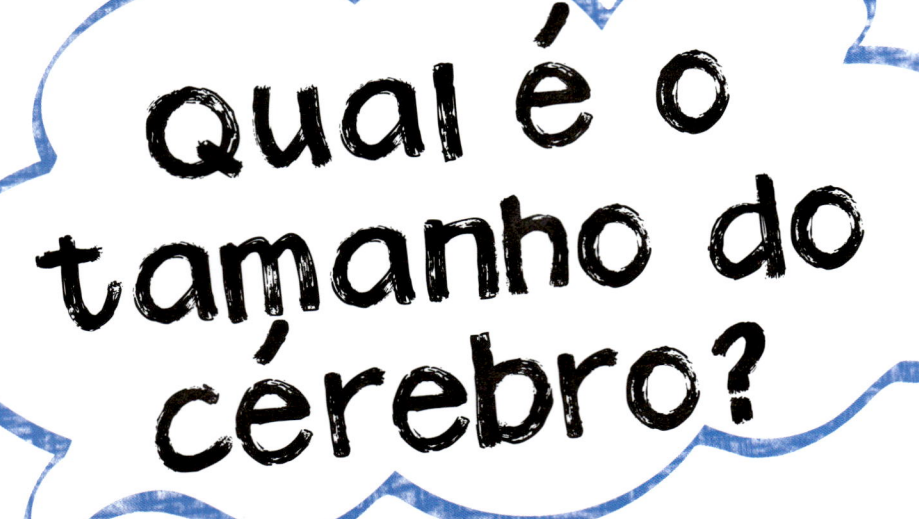

Cérebro

Direita e esquerda

A região principal do cérebro é dividida em duas partes. A direita ajuda você a desenhar e a tocar instrumentos musicais. A metade esquerda é boa em pensar.

O cerebelo controla os músculos

Tronco encefálico

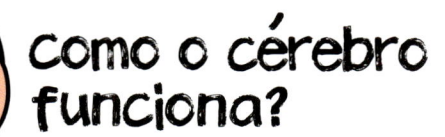

como o cérebro funciona?

O cérebro trabalha usando eletricidade. Ele tem cerca de 10 bilhões de minúsculas células nervosas. Pequenas explosões de eletricidade acontecem entre as células o tempo todo. Os médicos conseguem ver o funcionamento do cérebro observando a eletricidade com um aparelho especial chamado EEG (eletrencefalógrafo). Ele mostra as ondas de eletricidade num monitor.

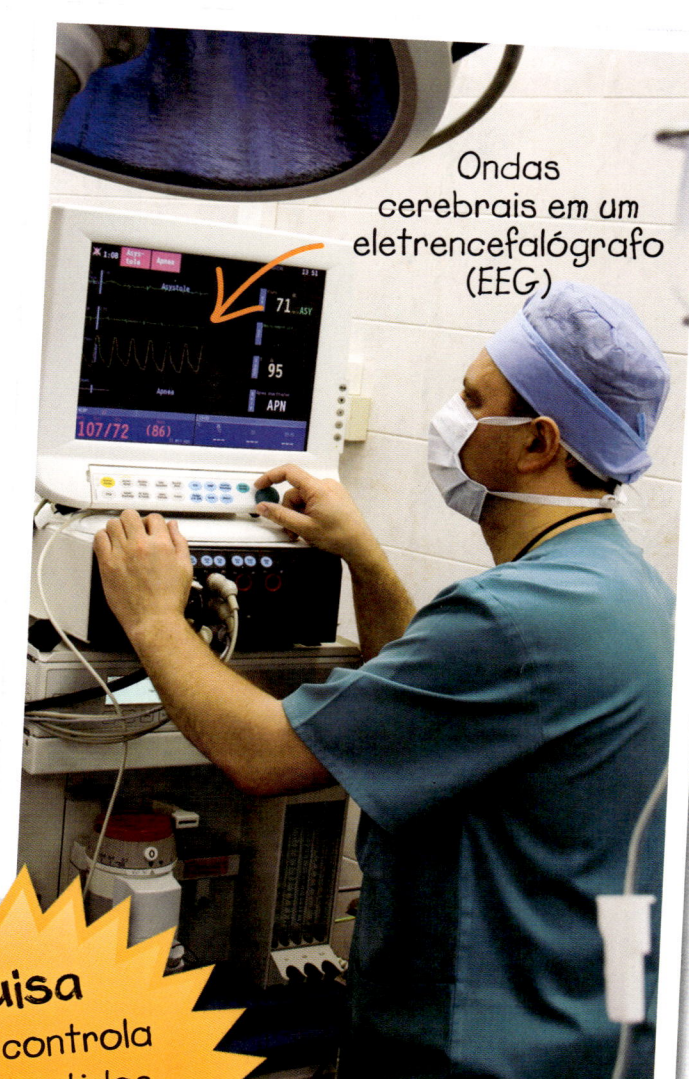

Ondas cerebrais em um eletrencefalógrafo (EEG)

pesquisa

O cérebro controla seus cinco sentidos. Você sabe quais são eles? Descubra.

como meu cérebro me ajuda a brincar?

As diferentes partes do seu cérebro executam diferentes tarefas. Uma sente o tato. Outra trata do raciocínio. A fala é controlada por uma outra parte diferente. O cerebelo controla todos os seus músculos. Ou seja, quando você brinca e corre, o cerebelo envia mensagens para os seus músculos, fazendo-os se mover.

como se manter saudável?

Para não ficar doente, você deve comer a comida certa de que seu corpo necessita, como frutas e vegetais. Procure comer alimentos não muito salgados ou muito doces. Exercícios, como andar de bicicleta, mantêm saudáveis seus ossos, músculos e o coração.

Ficando velho

Seu corpo muda à medida que você vai envelhecendo. Você diminui de tamanho, a pele enruga e seus cabelos podem ficar grisalhos.

O que pode me deixar doente?

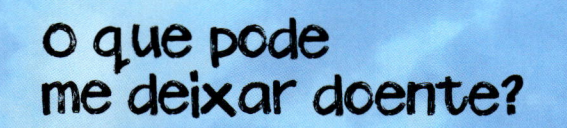

Muitas coisas podem deixar você doente. A dor de barriga, por exemplo, é causada por germes que entram no seu corpo. Você pode impedir que isso aconteça lavando bem as mãos antes das refeições e depois de ir ao banheiro.

Lavar as mãos com água e sabão mata os germes

Por que preciso tomar injeção?

Todas as crianças tomam injeções chamadas vacinas durante muitos anos. Isso impede você de ter doenças graves no futuro. Os médicos também ajudam você a melhorar quando está doente.

Andar de bicicleta ajuda você a permanecer saudável

As vacinas nos protegem

Atenção!

O que você deve fazer antes das refeições e depois de ir ao banheiro? Leia esta página outra vez e descubra.

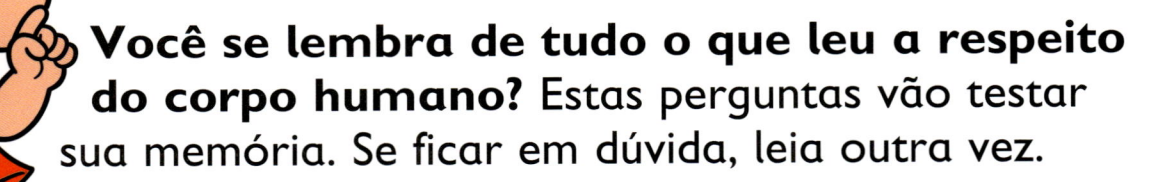

Teste

Você se lembra de tudo o que leu a respeito do corpo humano? Estas perguntas vão testar sua memória. Se ficar em dúvida, leia outra vez.

1. Qual é a função da pele?

2. Por que eu transpiro quando sinto calor?

3. Por que temos unhas nos dedos das mãos e dos pés?

4. Como os ossos se juntam?

5. Como os músculos funcionam?

6. O que faz o ar chegar aos meus pulmões?

7. Por que não se deve comer a mesma coisa todos os dias?

8. Por que o coração bate?

9. O que o sangue faz?

10. Como eu escuto os sons?

11. Por que os cheiros são invisíveis?

12. Como meu cérebro me ajuda a brincar?

13. O que pode me deixar doente?

Respostas

1. Proteger você de pancadas e arranhões, impedir que seu corpo fique ressecado e evitar a entrada de germes.
2. Para baixar a temperatura do corpo.
3. Para proteger as pontas dos dedos.
4. Eles são conectados por articulações.
5. Os músculos são formados por fibras que se encurtam pra que eles possam distender.
6. Os músculos.
7. Porque diferentes alimentos dão ao corpo os diversos nutrientes que ele necessita.
8. Para bombear sangue e oxigênio pelo corpo.
9. Ele leva o oxigênio a todas as partes do corpo.
10. Com os sensores que existem no interior da orelha.
11. Porque são partículas que flutuam no ar.
12. Enviando mensagens para que seus músculos se movam.
13. Germes.

Glossário

Articulação
É a junção entre dois ou mais ossos ou partes rígidas do esqueleto. Serve de apoio de uma parte em relação à outra, dando mobilidade ao corpo.

Célula
A menor parte de um ser vivo. Ela funciona por conta própria.

Cóclea
Órgão pequeno em forma de espiral que existe dentro da orelha e converte as vibrações sonoras em sinais nervosos que são enviados para o seu cérebro.

Cutícula
Pele um pouco mais dura que contorna as unhas.

Espessura
Quão grosso algo pode ser.

Esqueleto
Estrutura de ossos que sustenta o corpo dos seres vivos vertebrados.

Expirando

Expirar
Deixar sair o ar dos pulmões.

Fluido
Substância líquida.

Germes
Micróbios que dão origem a doenças.

Glândula
Conjunto de células, tecido ou órgão que produz secreção a ser lançada no sangue, em um canal ou cavidade.

Glóbulos brancos
Células do sangue que ajudam a combater invasores, como um vírus.

Glóbulos vermelhos
Células do sangue que levam o oxigênio pelo corpo.

Inspirando

Inspirar
Inalar e fazer entrar ar nos pulmões.

Mandíbula
Osso móvel da face. Sua articulação permite os movimentos de abrir e fechar a boca.

Medula
Substância gordurosa encontrada em muitos dos ossos, na qual as células do sangue são produzidas.

Órgão
Complexa parte do corpo que executa um trabalho específico, como o cérebro ou o estômago.

Oxigênio
Gás sem cor e sem cheiro encontrado no ar, vital para os seres vivos.

Transpirar
Eliminar suor pelos poros, suar.

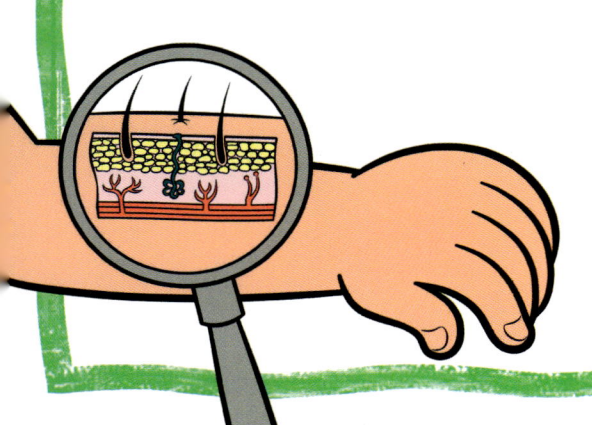

índice

I

injeção 27
inspirar 15
íris 20

L

lavar as mãos 27
lente 20
língua 23

M

mastigação 17
médico 25, 27
medula 11
músculos 12, 13

N

nariz 13, 14, 22, 23
nervos 7, 12, 13, 16, 17,
   20, 25

O

olfato 22, 23
olhos 20
orelhas 21
ossos 10, 11
ouvido 21
oxigênio 14, 18, 19

P

paladar 22, 23
pele 6
pulmões 15
pupila 20

Q

queratina 9

R

respiração 14, 15
retina 20

S

sangue 18, 19
skate 6

T

temperatura corporal 7
tímpano 21
transpiração 7

U

unhas 9
urina 19

V

vacina 27
velhice 26
vitaminas 16
voz 15

Créditos

Fotos: 6-7 Tomasz Trojanowski/Shutterstock.com;
8 Sergey Novikov/Shutterstock.com;
9 (mão) TungCheung/Shutterstock.com;
10 Ralf Juergen Kraft/Shutterstock.com;
12-13 Frederick R. Matzen/Shutterstock.com;
13 Jaren Jai/Wicklund/Shutterstock.com;
14-15 Alila Medical Media/Shutterstock.com;
15 SpeedKingz/Shutterstock.com;
16-17 Elena Schweitzer/Shutterstock.com;
17 Vinicius Tupinamba/Shutterstock.com;
23 Emolaev Alexander/Shutterstock.com;
25 beerkoff/Shutterstock.com;
26-27 (centro) Ljupco Smokovski/Shutterstock.com;
27 (superior à direita) picturepartners/Shutterstock.com. Todas as outras fotografias pertencem a digitalSTOCK, digitalvision, Image State, John Foxx, PhotoAlto, PhotoDisc, PhotoEssentials, PhotoPro, Stockbyte.

Os editores agradecem pelo fornecimento das fotografias a todos os parceiros. Todos os esforços possíveis foram feitos para identificar os autores das fotos e pedimos desculpas por qualquer erro ou omissão.

Infográficos: Stephan Davis, Jennifer Barker, Thom Allaway
Desenhos realistas: Miles Kelly Artwork Bank